发现身边的科学

FAXIAN SHENBIAN DE KEXUE

变色的绣球花

王轶美　主编

贺杨 陈晓东　著　上电一中华“华光之翼”漫画工作室　绘

中国纺织出版社有限公司

咚咚：“爸爸妈妈，快来看呀，这里开了好多像球一样的花！”

爸爸：“你说对了，它们叫绣球花！”

咚咚：“它们好漂亮啊，而且颜色真好看！”

绣球花属于虎耳草科绣球属植物。花的外形近似一个绣球，种类繁多，颜色艳丽多彩。花期一般在5~8月，具有一定的观赏性，是庭院、公园等常见的栽培植物。绣球花本身也具有一定的药用价值，可作抗疟药，但花朵含有毒性，不可直接食用。

爸爸："是的，你看，这一片是白色的，那一片是红色的！"

咚咚："前面一片却是蓝色的，这是为什么呢？"

爸爸："咚咚，你还记得我们曾经做过关于叶片颜色的实验吗？"
咚咚："记得啊，难道绣球花的颜色和叶片颜色的变化原理有关吗？"

叶片颜色的秘密

植物的叶片中，一般都含有叶绿素、胡萝卜素、叶黄素，还有花青素等植物色素。大部分的叶子都是由于含有叶绿素而呈现绿色，胡萝卜素和叶黄素可以使叶片呈现橙色和黄色。随着季节的变化，太阳光照也会发生改变，植物的叶片中叶绿素、花青素等含量的变化，也会让叶片从绿色变为黄色、红色或褐色等。

妈妈："咚咚，绣球花的颜色和土壤的酸碱性有很大关系，酸性土壤和碱性土壤种出来的绣球花开出的颜色是不一样的。"

咚咚："这么神奇？什么是土壤的酸碱性啊？"

妈妈："土壤的酸碱性是土壤溶液呈现出来的一种化学性质，有的呈酸性，有的呈碱性。"

咚咚："呃……这个我完全听不懂啊！"

妈妈："没关系，你看到这个紫甘蓝了吗，我们切一点儿下来做个实验，你就明白了！"

土壤酸碱性是指由于土壤中存在着各种化学和生物反应，会有少量的氢离子和氢氧离子存在。土壤酸碱性的强弱，常以酸碱度来衡量，当氢离子的浓度大于氢氧离子的浓度时，土壤呈酸性，反之呈碱性，两者相等时则为中性。

妈妈：“我们把紫甘蓝切碎，加一点儿水搅拌，再将溶液倒入一个空杯中，一份紫甘蓝酸碱指示剂就做好了。”

咚咚：“哇，倒出来的水也是紫色的！”

妈妈：“知道为什么是紫色的吗？想想之前的实验。”

咚咚："我想起来了，是花青素！"

妈妈："对的，花青素呈现紫色，而且它可以让酸和碱'现原形'！"

花青素又叫花色素，是自然界广泛存在于植物中的水溶性天然色素，广泛存在于植物中。水果、蔬菜、花卉等之所以有五彩斑斓的颜色，和花青素的含量有着很大的关系，花青素的含量根据品种、季节、气候、植物成熟度不同也会不同。花青素有抗氧化作用，还是天然的色素，所以常被提取应用于食品添加剂中。

实验操作步骤

1. 用清水快速冲洗紫甘蓝；

2. 将清洗过的紫甘蓝切碎；

3. 添加适量的清水（如有条件，请使用中性纯净水），搅拌；

4. 过滤，得到紫甘蓝试剂；

5. 用同样的方法制作4份紫甘蓝试剂；

将白醋、洗洁精、肥皂水分别滴入紫甘蓝水中，看看会发生什么变化！

6. 往3份紫甘蓝试剂中分别滴入白醋，洗洁精和肥皂水；取1份紫甘蓝试剂留作颜色对比；

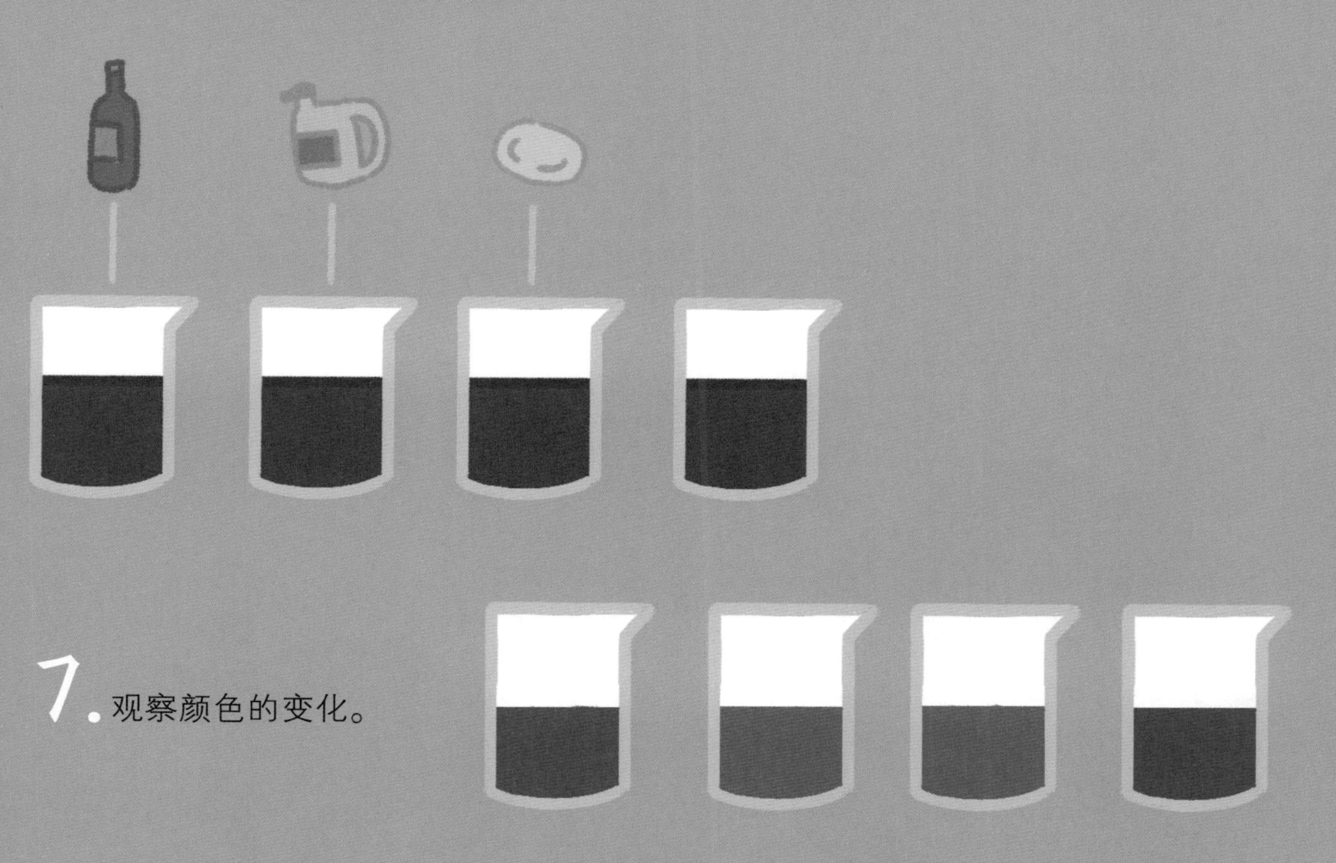

7. 观察颜色的变化。

紫甘蓝溶液呈紫色；滴入醋后，若偏红，表示醋呈酸性；滴入洗洁精后，若偏红，表示洗洁精呈酸性；滴入肥皂水后，若偏蓝，表示肥皂水呈碱性。

咚咚：“哇，好神奇啊，它们都变色了，这不是和绣球花的颜色很相似吗？”

妈妈：“你答对了！生活中有很多物质是表现出酸性的，也有的物质表现出碱性，园丁师傅用偏酸性的水浇花，绣球花就变红了，如果用偏碱性的水浇花，绣球花就变蓝了。”

蓝色或者紫色的花瓣，通常含有大量的花青素，而花青素在遇到酸性物质和碱性物质后会呈现出不同的颜色。所以园丁师傅利用花青素的这种性质，就可以随意“调配”出绣球花的颜色了。只要用偏酸性的水浇花，绣球花就会逐渐变成红色，用偏碱性的水浇花，绣球花就会慢慢变蓝。

指示剂是化学试剂的一种。在一定的介质条件下，会发生颜色变化或出现浑浊、沉淀、荧光等现象。常用的指示剂有酸碱指示剂、氧化还原指示剂、金属指示剂、吸附指示剂等。

本实验中，紫甘蓝溶液就是酸碱指示剂，遇到不同液体后，会使被测液体的颜色发生改变，由此判断被测液体的酸碱性。

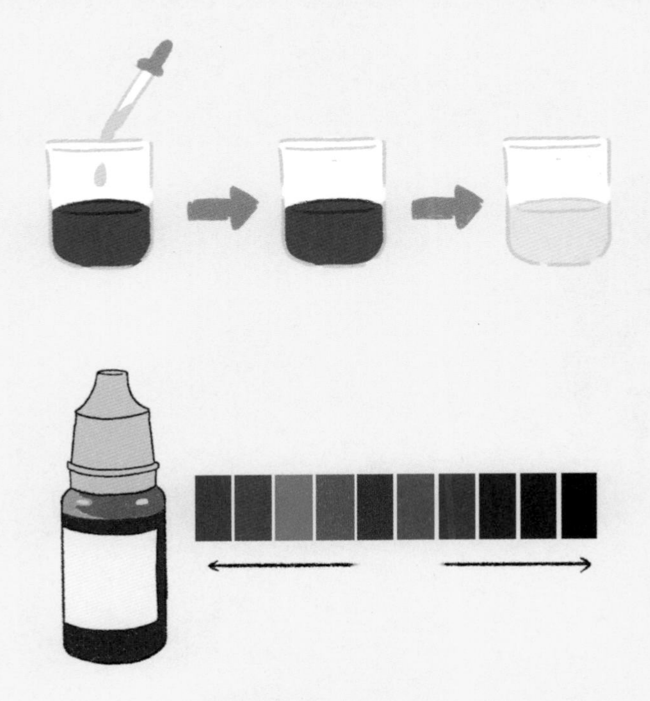

氧化还原指示剂可以指示氧化还原反应。例如可溶性淀粉与碘反应，生成蓝紫色的化合物，当碘被还原为碘离子时，颜色消失。

金属指示剂大多发生在有机染料中，通过颜色的变化检测金属离子。

吸附指示剂，一般是发生沉淀所吸附，改变其颜色，例如萤光黄就是一种吸附指示剂。用硝酸银溶液滴入氯化钠溶液中，用荧光黄标记，溶液会由黄绿色变为粉红色。

咚咚：“我好像明白了。但是指示剂又是从哪里来的呢？”

妈妈：“这个问题问得好。很多化学物质最早都来源于大自然，后来我们开始在工厂里合成了。大自然其实就是一个巨大的天然化工厂。”

化工厂是指从事化学工业的工厂。化工厂一般是把自然界的原材料通过提取、分解等方式，合成所需要的物质，自从有了化工厂生产，大大地改变了人类的生活。比如我们生活中使用的肥皂、洗衣液，都是通过化学反应生产而成。而最早人们用皂荚等植物充当清洗剂。另外，化学反应还会产生一些有害物质，影响人类健康和自然环境，所以对有害物质的处理是科学家们持续研究的方向。

第一个用天然植物做指示剂的科学家

其实，最早在17世纪，就有科学家用自然界中的植物汁液用作指示剂。英国化学家罗伯特·波义耳，就是第一个把天然植物汁液用作指示剂的科学家。波义耳从小就对医药有所研究，并对化学实验有着浓厚的兴趣。在一次实验中，他意外地发现浓盐酸滴到紫罗兰上会冒出白烟，他用水冲洗后，深紫色的紫罗兰变成了红色。这一次意外地发现，促使了波义耳对花木植物作进一步研究，现在实验室常用的酸碱石蕊试纸，就是波义耳通过实验研究发明的。

拓展与实践

试着亲手做一个酸碱试纸吧！把纸条浸泡在紫甘蓝溶液里，取出，晾干，制成天然的酸碱指示剂，可以用它来检测生活中哪些物质是偏酸性的、哪些物质是偏碱性的。

准备工具

一杯紫甘蓝溶液

小纸条

一个小夹子

扫一扫
观看实验视频

绘图：查筱菲　王悦　余宛洳　潘晓燕　黄郁璇

图书在版编目（CIP）数据

发现身边的科学．变色的绣球花／王轶美主编；贺杨，陈晓东著；上电－中华“华光之翼”漫画工作室绘．－－北京：中国纺织出版社有限公司，2021.6
ISBN 978-7-5180-8347-3

Ⅰ．①发… Ⅱ．①王… ②贺… ③陈… ④上… Ⅲ．①科学实验－少儿读物 Ⅳ．① N33-49

中国版本图书馆CIP数据核字（2021）第022974号

策划编辑：赵　天　　特约编辑：李　媛
责任校对：高　涵　　责任印制：储志伟　　封面设计：张　坤

中国纺织出版社有限公司出版发行
地址：北京市朝阳区百子湾东里 A407 号楼　邮政编码：100124
销售电话：010—67004422　传真：010—87155801
http://www.c-textilep.com
中国纺织出版社天猫旗舰店
官方微博 http://weibo.com/2119887771
北京通天印刷有限责任公司印刷　各地新华书店经销
2021 年 6 月第 1 版第 1 次印刷
开本：710 × 1000　1/12　印张：24
字数：80 千字　定价：168.00 元（全 12 册）